Cooking Master's Private Cookbook Series

烹饪大师
私房食谱书系

（精品版）

★ ★ ★ ★ ★

美味营养荤菜
100 道

U0386017

邱克洪 主编

黑龙江科学技术出版社
HEILONGJIANG SCIENCE AND TECHNOLOGY PRESS

图书在版编目（CIP）数据

美味营养荤菜100道 / 邱克洪主编. —— 哈尔滨：黑龙江
科学技术出版社, 2020.5
ISBN 978-7-5719-0373-2

Ⅰ.①美… Ⅱ.①邱… Ⅲ.①荤菜 – 菜谱 Ⅳ.
①TS972.125

中国版本图书馆CIP数据核字(2020)第016269号

美味营养荤菜 100 道
MEIWEI YINGYANG HUNCAI 100 DAO

主　　编	邱克洪
出 版 人	侯 擘
策划编辑	深圳·弘艺文化　HONGYI CULTURE
封面设计	
责任编辑	马远洋
出　　版	黑龙江科学技术出版社
地　　址	哈尔滨市南岗区公安街 70-2 号
邮　　编	150007
电　　话	（0451）53642106
传　　真	（0451）53642143
网　　址	www.lkcbs.cn
发　　行	全国新华书店
印　　刷	雅迪云印（天津）科技有限公司
开　　本	710mm×1000mm　1/16
印　　张	12
字　　数	200 千字
版　　次	2020 年 5 月第 1 版
印　　次	2020 年 5 月第 1 次印刷
书　　号	ISBN 978-7-5719-0373-2
定　　价	39.80 元

目录 C O N T E N T S

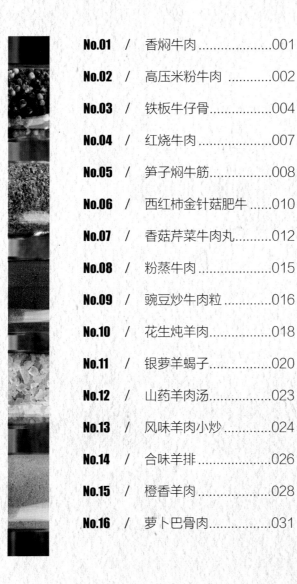

No.01 / 香焖牛肉 001

No.02 / 高压米粉牛肉 002

No.03 / 铁板牛仔骨 004

No.04 / 红烧牛肉 007

No.05 / 笋子焖牛筋 008

No.06 / 西红柿金针菇肥牛 010

No.07 / 香菇芹菜牛肉丸.........012

No.08 / 粉蒸牛肉 015

No.09 / 豌豆炒牛肉粒 016

No.10 / 花生炖羊肉.................018

No.11 / 银萝羊蝎子.................020

No.12 / 山药羊肉汤.................023

No.13 / 风味羊肉小炒 024

No.14 / 合味羊排 026

No.15 / 橙香羊肉 028

No.16 / 萝卜巴骨肉...............031

No.17 / 菌香红烧肉................033

No.18 / 菠萝古老肉................034

No.19 / 蒸肥肠 036

No.20 / 四川粉蒸肉................038

No.21 / 西红柿肉末................041

No.22 / 咸烧白 042

No.23 / 红烧狮子头................044

No.24 / 红烧肉 046

No.25 / 家常小炒肉................049

No.26 / 玉米骨头汤................050

No.27 / 巧手猪肝................052

No.28 / 蘑菇猪肚汤................054

No.29 / 巴蜀猪手................056

No.30 / 风味排骨................058

No.31 / 干锅排骨................060

No.32 / 糯米排骨................062

No.33 / 老南瓜粉蒸排骨 065

No.01

香焖牛肉

◎ **增强免疫力** ◎

原料：
切好的牛肉200克，八角3个，
草果3个，姜片、大蒜各适量
调料：
盐3克，生抽5毫升，黄豆酱5
克，水淀粉少许，食用油适量

做法：

① 热锅注油烧热，倒入大蒜、姜片、八角、草
果炒香。

② 淋入少许生抽，翻炒均匀。

③ 倒入黄豆酱，翻炒上色。

④ 倒入切好的牛肉，注入少许清水，炒匀。

⑤ 加入盐，快速炒匀。

⑥ 盖上锅盖，煮开后转小火焖20分钟至熟软。

⑦ 揭盖，淋入少许水淀粉，翻炒片刻收汁。

⑧ 将炒好的牛肉盛出装入盘中即可。

No.02

高压米粉牛肉

◎ **补脾胃、益气血、强筋骨** ◎

原料：
牛肉200克，蒸肉粉50克，姜片20克，香菜末少许

调料：
料酒10毫升，生抽10毫升，老抽5毫升，辣椒酱20克

做法：

❶ 牛肉洗净，切片，加姜片、料酒、生抽、老抽、辣椒酱，拌匀。

❷ 加蒸肉粉、香菜末，拌匀，腌制30分钟。

❸ 将腌好的牛肉码放入碗中，放入高压锅内，焖20分钟即可。

No.34 / 排骨莲藕汤.................066

No.35 / 冬瓜排骨汤.................068

No.36 / 毛氏红烧肉.................070

No.37 / 酸甜炸鸡块.................072

No.38 / 鸡肉沙拉...................074

No.39 / 鸡胸肉炒西蓝花..........077

No.40 / 香辣鸡腿...................078

No.41 / 藤椒鸡 080

No.42 / 鸡肉丸子汤.................082

No.43 / 红枣桂圆鸡汤............084

No.44 / 甜椒鸡丁...................086

No.45 / 钵钵鸡 088

No.46 / 鸡肉西红柿汤............090

No.47 / 胡萝卜鸡肉饼 091

No.48 / 花蛤酱焖清远鸡..........092

No.49 / 玉米胡萝卜鸡肉汤 094

No.50 / 彩椒木耳炒鸡肉..........095

No.51 / 茶树菇腐竹炖鸡肉 097

No.52 / 干煸鸡翅 098

No.53 / 文蛤辣子鸡..............100

No.54 / 蜀国椒麻鸡..............102

No.55 / 棒棒鸡 104

No.56 / 家常拌土鸡..............106

No.57 / 烧椒口味乌鸡..........108

No.58 / 核桃仁鸡丁..............110

No.59 / 鲜椒小煎鸡..............111

No.60 / 板栗焖鸡..................113

No.61 / 粉蒸鸭肉..................114

No.62 / 鸭掌粉丝煲..............116

No.63 / 茶树菇炒鸭丝..........118

No.64 / 酱香鸭舌..................120

No.65 / 鸭肉炒菌菇..............122

No.66 / 酸辣鸭血肥肠..........123

No.67 / 火爆鸭唇 124

No.68 / 青椒鹅肠鸭血 126

No.69 / 林里烧鹅 129

No.70 / 滑炒鸭丝 130

No.71 / 农家生态鹅 131

No.72 / 烧椒鹅肠 132

No.73 / 清蒸鲈鱼 134

No.74 / 糖醋鱼块酱瓜粒 136

No.75 / 家乡酸菜鱼 139

No.76 / 虾丸白菜汤 140

No.77 / 葱香烤带鱼 141

No.78 / 面鱼儿烧泥鳅 142

No.79 / 清蒸富贵鱼 144

No.80 / 干锅虾 146

No.81 / 香辣虾 148

No.82 / 铁板粉丝生焗虾 150

No.83 / 白灼虾 152

No.84 / 虾仁蒸水蛋 154

No.85 / 招牌生焗虾 156

No.86 / 焖淡菜 158

No.87 / 辣炒花甲 159

No.88 / 文蛤蒸蛋 160

No.89 / 三鲜豆腐 162

No.90 / 蒜薹小河虾 164

No.91 / 腊八豆捞海参 166

No.92 / 老南瓜焗鲍仔 168

No.93 / 浓汤老虎蟹 171

No.94 / 鲜椒小花螺 172

No.95 / 小土豆烧甲鱼 174

No.96 / 一网情深 176

No.97 / 盐夫美蛙 178

No.98 / 孜然鱿鱼须 180

No.99 / 鱿鱼丸子 183

No.100 / 鱿鱼蔬菜饼 184

No.03

铁板牛仔骨

◎ 补中益气，滋养脾胃，强健筋骨 ◎

原料：
牛仔骨1000克，独蒜头200克，青椒、红椒各少许

调料：
盐4克，黄油80克，蚝油20毫升，黑胡椒碎少许，红酒30毫升，水淀粉30毫升，食用油适量

做法:

① 独蒜头去皮,对半切开;青椒、红椒切片;牛仔骨切片。

② 牛仔骨用黑胡椒碎、红酒、蚝油、水淀粉拌匀,腌制30分钟。

③ 起油锅,放入独蒜头、青椒、红椒,翻炒香。加盐炒匀,盛出装入铁板中。

④ 另起锅,放入黄油熔化,放入牛仔骨,两面煎至熟。

⑤ 盛出码放在独蒜头上即可。

No.04

红烧牛肉

◎ 补中益气、强健筋骨 ◎

原料:
牛肉100克,豆瓣酱10克,白萝卜50克,姜片、蒜段、花椒各5克,八角、香叶、干辣椒、香菜各适量

调料:
冰糖3克,酱油3毫升,醋少许,盐3克,食用油适量

做法:

❶ 牛肉洗净,切小块,入沸水中余去血水;白萝卜洗净,切小块。

❷ 锅中注入适量油,烧至六成热,放入姜片、蒜段爆香,放入牛肉块炸3~5分钟,捞起。

❸ 蒸锅注入适量清水,放入炸过的牛肉,大火煮沸后转小火,放入八角、香叶、酱油、醋、冰糖,炖30分钟。

❹ 炒锅烧油,放入豆瓣酱爆炒,将豆瓣酱倒入蒸锅内,加入干辣椒、花椒。

❺ 牛肉炖1.5小时后,加入切好的白萝卜,再炖30分钟,至汤色深红,放盐调味,盛出放上香菜即可。

No.05

笋子焖牛筋

◎ **增强免疫力** ◎

原料：

牛筋150克，笋70克，花椒10克，八角3个，姜片、蒜末、葱段各适量，香菜少许

调料：

盐3克，鸡粉3克，料酒5毫升，生抽5毫升，水淀粉适量，豆瓣酱5克，食用油适量

做法：

❶ 牛筋切段；笋切块；香菜洗净。

❷ 锅中注入适量清水烧开，加入少许盐，倒入牛筋，煮约1分钟。

❸ 捞出余煮好的牛筋，沥干水，待用。

❹ 用油起锅，倒入花椒、八角、姜片、蒜末、葱段，爆香。

❺ 淋入生抽，炒匀，放入豆瓣酱，炒匀。

❻ 淋入料酒，炒出香味。

❼ 倒入少许清水，倒入笋，炒匀，加入盐、鸡粉，炒匀。

❽ 转大火略煮一会儿，至食材入味，用水淀粉勾芡。

❾ 关火，将食材盛入碗中，放上香菜即可。

No.06

西红柿金针菇肥牛

◎ 补充能量 ◎

原料：
肥牛卷200克，金针菇150克，西红柿、洋葱各半个，葱段、姜片、蒜片、干辣椒各适量

调料：
盐、生抽、料酒、白糖各适量，蒜蓉辣酱15克，食用油适量

做法：
① 金针菇撕成小束；西红柿切块；洋葱切丝。
② 锅底留油烧热，放葱段、蒜片爆香，加入肥牛卷、料酒、生抽，翻炒至肥牛卷变白，盛出备用。
③ 锅底留油烧热，放洋葱、干辣椒、姜片、生抽、蒜蓉辣酱炒香，加西红柿、金针菇，加清水没过食材煮5~6分钟。
④ 加入白糖、盐和肥牛卷煮4~5分钟即可。

No.07

香菇芹菜牛肉丸

◎ 增强免疫力、益气补血 ◎

做法：

❶ 洗净的香菇切成条，再切成丁；洗好的芹菜切成碎末。

❷ 取一个碗，放入牛肉末、芹菜末，再倒入香菇、姜末、葱末、蛋黄，加入盐、鸡粉、生抽、水淀粉，搅匀，制成馅料，用手将馅料捏成丸子，放入盘中，备用。

❸ 蒸锅上火烧开，放入备好的牛肉丸，盖上锅盖，用大火蒸30分钟至熟，关火后揭开锅盖，取出蒸好的牛肉丸即可。

原料：

香菇30克，牛肉末200克，芹菜20克，蛋黄20克，姜末、葱末各少许

调料：

盐3克，鸡粉2克，生抽6毫升，水淀粉适量

No.08

粉蒸牛肉

◎ 益气补血、增强免疫力、促进食欲 ◎

原料：
牛肉300克，蒸肉米粉100克，蒜苗段、红椒丁各少许

调料：
盐2克，鸡粉2克，料酒5毫升，生抽4毫升，蚝油4毫升，水淀粉、食用油各适量

做法：

❶ 处理好的牛肉切成片，待用。

❷ 取一个碗，倒入牛肉，加入盐、鸡粉，放入料酒、生抽、蚝油、水淀粉，搅拌匀，加入蒸肉米粉，搅拌片刻，装入蒸盘，待用。

❸ 蒸锅上火烧开，放入蒸盘，盖上锅盖，大火蒸20分钟至熟，取出装盘，放上蒜苗段、红椒丁。

❹ 锅中注入食用油，烧至六成热，将烧好的热油浇在牛肉上即可。

No.09

豌豆炒牛肉粒

◎ **温中健脾、补肾壮阳** ◎

原料：
牛肉260克，彩椒20克，豌豆300克，姜片少许

调料：
盐、鸡粉、料酒、食粉、水淀粉、食用油各适量

做法：

❶ 将洗净的彩椒切成条形，改切成丁；洗好的牛肉切成片，再切成条形，改切成粒。

❷ 将牛肉粒装入碗中，加入适量盐、料酒、食粉、水淀粉，拌匀，淋入少许食用油，拌匀，腌制15分钟，至其入味。

❸ 锅中注入适量清水烧开，倒入洗好的豌豆，加入少许盐、食用油，拌匀，煮1分钟，倒入彩椒，拌匀，煮至断生，捞出，沥干水分，待用。

❹ 热锅注油，烧至四成热，倒入腌好的牛肉，拌匀，炸约半分钟，捞出，沥干油，待用。

❺ 用油起锅，放入姜片，爆香，倒入牛肉，炒匀，淋入适量料酒，炒香，倒入焯好的食材，炒匀，加入少许盐、鸡粉、料酒、水淀粉，翻炒均匀。

❻ 关火后盛出炒好的菜肴即可。

No.10

花生炖羊肉

◎ 祛寒暖胃、增强免疫力 ◎

原料:
羊肉400克，花生仁150克，葱段、姜片各少许

调料:
生抽、料酒、水淀粉各适量，盐、鸡粉、白胡椒粉各3克，食用油适量

做法:

❶ 洗净的羊肉切厚片，改切成块，放入沸水锅中，搅散，汆煮至转色，捞出，放入盘中待用。

❷ 热锅注油烧热，放入姜片、葱段，爆香，放入羊肉，炒香，加入料酒、生抽，注入300毫升清水，倒入花生仁，撒上盐，加盖，大火煮开后转小火炖30分钟，揭盖，加入鸡粉、白胡椒粉、水淀粉，充分拌匀入味。

❸ 关火后将炖好的羊肉盛入盘中即可。

No.11

银萝羊蝎子

◎ 滋阴补肾 ◎

做法：

❶ 锅内注入适量清水烧开，倒入羊蝎子，汆煮片刻，撇去浮末，捞出待用。

❷ 取炒锅倒入适量油，烧热后放入葱、姜、蒜和朝天椒炒香，再倒入八角、桂皮一起翻炒至出味。

❸ 将沥干水的羊蝎子倒入炒锅，加入盐、冰糖、料酒、生抽和老抽，搅拌均匀。

❹ 倒入热水至没过羊蝎子，盖上锅盖，大火煮开后转小火炖1.0~1.5小时。

❺ 撒入少许鸡粉，起锅后撒上适量香菜碎即可。

原料：

羊蝎子300克，朝天椒3个，香菜碎适量，八角3个，桂皮3片，葱、姜、蒜各适量

调料：

盐3克，冰糖10克，料酒10毫升，生抽5毫升，老抽5毫升，鸡粉、食用油各适量

No.12

山药羊肉汤

◎ 开胃消食、补虚抗衰 ◎

原料:
羊肉块300克,山药块250克,葱段、姜片、香菜叶各少许

做法:

❶ 锅中注水烧开,倒入洗净的羊肉块拌匀,煮约2分钟后捞出过冷水,装盘备用。

❷ 锅中注水烧开,倒入山药块、葱段、姜片、羊肉块拌匀,用大火烧开后转至小火炖煮约40分钟。

❸ 揭开盖,捞出煮好的羊肉块和山药块,装入碗中,浇上锅中煮好的汤水,点缀上洗净的香菜叶即可。

No.13

风味羊肉小炒

◉ **温中健脾、补肾壮阳** ◉

做法：

❶ 芹菜洗净，切段；朝天椒洗净，切圈；羊肉洗净，切片。

❷ 羊肉加生抽、老抽，少许料酒，拌匀，腌制20分钟。

❸ 起油锅，放入姜片爆香，倒入羊肉，翻炒至转色。

❹ 淋入料酒，炒香，倒入芹菜、朝天椒，炒匀，放盐，炒匀。

❺ 倒入水淀粉，炒匀勾芡，盛出即可。

原料：
羊肉300克，芹菜100克，朝
天椒30克，姜片20克
调料：
盐3克，生抽15毫升，料酒20
毫升，老抽5毫升，食用油、
水淀粉各适量

No.14

合味羊排

◎ 补钙、强筋健骨 ◎

原料：
羊排500克，卤水2升，青椒、红椒、洋葱各50克，豆豉30克，姜片30克，白芝麻少许

调料：
盐3克，辣椒油15毫升，料酒15毫升，食用油适量

做法：

❶ 羊排洗净；青椒、红椒、洋葱分别切粒。

❷ 卤水倒入锅中烧开，放入羊排，烧开后转小火煮40分钟，捞出待用。

❸ 起油锅，放入姜片、豆豉、洋葱、青椒、红椒，炒香，加入羊排，淋入料酒炒匀。

❹ 放盐、辣椒油，撒上白芝麻炒匀，盛出装盘，撒上葱花即可。

No.15

橙香羊肉

◎ **益气补虚、温中暖下** ◎

做法：

❶ 把洗净的羊肉切片。

❷ 锅中加清水烧开，将橙子盏放入锅中，煮沸后捞出。

❸ 羊肉加盐、味精、鸡粉、老抽、料酒拌匀，再加入姜末拌匀，放入蒸肉粉拌匀，倒入盘中，转至蒸锅，加盖，再中火蒸20分钟铺平。

❹ 揭盖，取出蒸好的羊肉，装入橙子盏中，撒上葱花即可。

原料：

羊肉500克，蒸肉粉50克，橙子盏6个，姜末、葱花各少许

调料：

盐、味精、鸡粉、老抽、料酒各适量

No.16

萝卜巴骨肉

◎ 强筋壮骨 ◎

原料：
猪肉200克，白萝卜100克，青椒30克，红椒30克，蒜末适量

调料：
盐3克，鸡粉3克，生抽5毫升，食用油、水淀粉各适量

做法：

❶ 青椒对半切开；红椒对半切开；白萝卜切块。

❷ 热锅注油，倒入蒜末爆香。

❸ 倒入猪肉炒至转色，倒入青红椒炒匀。

❹ 加入盐、鸡粉、生抽炒匀。

❺ 注入适量清水，倒入白萝卜，煮至断生。

❻ 用水淀粉勾芡，关火后将食材盛入碗中即可。

No.17

菌香红烧肉

◎ 开胃、增强免疫力 ◎

原料：
五花肉200克，红椒50克，青椒50克，水发蘑菇70克，八角3个，香叶2片，草果3个

调料：
盐2克，冰糖8克，老抽5毫升，生抽5毫升，食用油、鸡粉各适量

做法：

❶ 青椒、红椒切圈；五花肉切块。

❷ 锅里倒入适量食用油，放入五花肉块，煸炒至微黄。

❸ 放入八角、香叶、草果，炒出香味。

❹ 放入老抽、生抽炒匀，再倒入适量清水、少许盐，翻炒至入味，放入冰糖，盖上锅盖，小火煨煮30分钟。

❺ 倒入青椒、红椒、蘑菇炒匀。

❻ 加入适量盐、鸡粉炒至入味。

❼ 关火后盛入碗中即可。

No.18

菠萝古老肉

◎ **改善贫血** ◎

做法：

❶ 菠萝肉切成块；洗净的五花肉切成块。

❷ 鸡蛋取蛋黄，盛入碗中，待用。

❸ 锅中加约500毫升清水烧开，倒入五花肉，余至转色后捞出。

❹ 五花肉中加入少许白糖拌匀，加盐，倒入蛋黄，搅拌均匀，加生粉裹匀，夹出装盘。

❺ 热锅注油，烧至六成热，放入五花肉，翻动几次，炸至金黄色，捞出。

❻ 用油起锅，倒入葱白爆香，倒入切好的菠萝炒匀，加入白糖炒至溶化。

❼ 倒入炸好的五花肉炒匀，加入番茄酱炒匀。

❽ 关火后将食材盛入盘中，放上西蓝花点缀即可。

原料：
五花肉150克，菠萝肉80克，
鸡蛋1个，西蓝花30克，葱白
适量

调料：
盐3克，白糖2克，生粉5克，
番茄酱5克，食用油适量

No.19

蒸肥肠

◎ 增强体质 ◎

原料：
肥肠300克，蒸肉粉100克，
辣椒粉10克，葱花适量
调料：
盐2克，鸡粉2克

做法：

❶ 肥肠切小段，加入盐、鸡粉、蒸肉粉、辣椒粉拌匀。

❷ 蒸锅注水，放入肥肠，加盖，大火煮开后转中火蒸50
分钟。

❸ 揭盖，将肥肠取出，撒上葱花即可。

No.20

四川粉蒸肉

◎ 增强免疫力 ◎

原料：
五花肉500克，去皮土豆200克，蒸肉粉100克，姜末、蒜末、葱花、香菜叶各适量

调料：
花椒粉5克，辣椒粉5克，五香粉5克，生抽10毫升，老抽5毫升，料酒10毫升，豆瓣酱10克

做法：

① 五花肉洗净，切成大片；去皮土豆切成块。

② 往五花肉中加入花椒粉、辣椒粉、五香粉、生抽、老抽、料酒、姜末蒜泥、豆瓣酱，抓匀，腌制1小时。

③ 往腌好的五花肉投入半包蒸肉粉，抓匀。

④ 取一个大碗，码入土豆块，再铺上裹好蒸肉粉的肉片，压实。

⑤ 蒸锅注水烧开，放入食材大火转中小火蒸1小时。

⑥ 揭盖，将食材取出，撒上葱花和香菜叶即可。

No.21

西红柿肉末

◎ **降低胆固醇** ◎

原料:
肉末100克，西红柿80克，洋葱、薄荷叶各适量

调料:
盐3克，鸡粉3克，料酒10毫升，水淀粉、食用油、生抽各适量

做法:

❶ 洗净的西红柿切小瓣，再切成丁。洋葱切圈。

❷ 用油起锅，倒入肉末，翻炒匀。

❸ 淋入料酒，炒香、炒透，再倒入生抽，加入盐、鸡粉，炒匀。

❹ 放入切好的西红柿，翻炒匀。

❺ 倒入适量水淀粉勾芡。

❻ 盛放在碗中，摆上洋葱圈和薄荷叶做装饰即可。

No.22

咸烧白

◎ **开胃、增强免疫力** ◎

原料:
五花肉350克,芽菜100克,糖色10毫升,八角3个,花椒10粒,干辣椒5个、姜片适量

调料:
老抽5毫升、料酒10毫升,盐、鸡粉、白糖各3克,食用油适量

做法:

❶ 锅中注入适量清水,放入五花肉,加盖煮熟。

❷ 取出煮熟的五花肉,在肉皮上抹上糖色。

❸ 锅中注油烧热,放入五花肉,炸至肉皮呈暗红色后捞出。

❹ 将五花肉切片,装入碗内,淋入老抽、料酒,加盐、鸡粉拌匀。

❺ 肉皮朝下,将肉片叠入扣碗内,放入八角、花椒、干辣椒。

❻ 起油锅,倒入姜片煸香,倒入芽菜拌匀,加干辣椒炒出辣味,加鸡粉、白糖调味。

❼ 芽菜炒熟,放在肉片上压实。

❽ 蒸锅注水,放上食材,加盖,中火蒸40分钟至熟。

❾ 揭盖,将食材倒扣在盘中即可。

No.23

红烧狮子头

◎ **增强免疫力** ◎

原料：
肉末300克，胡萝卜60克，娃娃菜、白萝卜各50克，马蹄100克，姜末、葱花各适量，鸡蛋1个

调料：
盐、鸡粉各3克，蚝油、生抽、料酒各5毫升，生粉、水淀粉、食用油各适量

做法：

❶ 洗好的马蹄肉切成碎末；胡萝卜、白萝卜切块。

❷ 取一个碗，倒入备好的肉末，放入姜末、葱花、马蹄肉末，打入鸡蛋，拌匀。

❸ 加入盐、鸡粉、料酒、生粉，拌匀，待用。

❹ 锅中注油烧至六成热，把拌匀的材料揉成肉丸，放入锅中，用小火炸4分钟至其呈金黄色，捞出，装盘备用。

❺ 锅底留油，注入适量清水，加入盐、鸡粉、蚝油、生抽，放入炸好的肉丸，倒入胡萝卜块、白萝卜块、娃娃菜略煮片刻至入味。

❻ 捞出食材，放入装有上的碗中，待用。

❼ 锅内倒入水淀粉，勾芡，倒入碗中即可。

No.24

红烧肉

◉ **补肾养血、滋阴润燥** ◉

做法:

❶ 五花肉洗净,放入一汤匙料酒,浸泡1小时,捞出沥干。

❷ 带皮姜块切成片,干辣椒切成小段,待用。

❸ 沥干水分的五花肉切成大小均匀的块状,待用。

❹ 锅里放入五花肉块,煸炒至微黄。

❺ 放入八角、香叶、草果,炒出香味。

❻ 放入姜片、干辣椒,翻炒均匀。

❼ 放入老抽、生抽炒匀,再倒入适量清水、盐,翻炒至入味,放入冰糖,盖上锅盖,小火煨煮30分钟。

❽ 待五花肉煨到酥烂,用大火收汁,使汁液均匀裹在肉上,将烹制好的菜肴盛至备好的碗中即可。

原料:
五花肉300克,八角5个,香叶
3片、草果3个,干辣椒10克,
姜块适量

调料:
盐4克,料酒10毫升,老抽10
毫升,生抽10毫升,冰糖10克

No.25

家常小炒肉

◎ 开胃、增强免疫力 ◎

原料：
五花肉300克，蘑菇80克，蒜末适量

调料：
盐2克，鸡粉2克，食用油、生抽、水淀粉各适量

做法：

❶ 洗净的五花肉切条，改切成片；蘑菇切块。

❷ 热锅注油，倒入蒜末爆香。

❸ 倒入肉块炒香。

❹ 倒入蘑菇，加入盐、鸡粉、生抽炒至入味。

❺ 加入适量清水煮沸，用水淀粉勾芡。

❻ 关火后将食材盛入碗中即可。

No.26

玉米骨头汤

◎ 补钙 ◎

原料:
玉米100克,猪大骨400克,姜片适量

调料:
盐3克,鸡粉3克,胡椒粉3克

做法：

① 洗净的玉米切成段。

② 锅中注入适量清水烧开，倒入洗净的猪大骨，汆去血水和杂质，捞出，沥干水分，待用。

③ 砂锅中注入适量的清水烧开，倒入猪大骨、姜片、玉米，拌匀，盖上盖，用大火煮开后转小火炖1小时。

④ 揭盖，加入盐、鸡粉、胡椒粉，搅匀调味。

⑤ 将汤盛入碗中即可。

No.27

巧手猪肝

◎ 开胃 ◎

做法:

❶ 将洗净的芹菜、青椒、红椒均切成段。

❷ 将处理干净的猪肝切片，装入盘中，加入料酒、盐、鸡粉、水淀粉，拌匀。

❸ 热锅注油，烧热，倒入猪肝炒匀。

❹ 倒入芹菜、姜片、蒜末、青椒、红椒炒匀。

❺ 加入盐、鸡粉、香油炒至入味。

❻ 用水淀粉勾芡收汁。

❼ 关火，将炒好的猪肝盛入盘中即可。

原料：

猪肝200克，芹菜50克，红椒20克，青椒50克，姜片、蒜末各适量

调料：

盐2克，鸡粉2克，料酒5毫升，香油5毫升，水淀粉适量，食用油适量

No.28

蘑菇猪肚汤

◉ **补血润燥** ◉

原料：
蘑菇70克，猪大肠300克，姜片适量，水发枸杞10克

调料：
盐3克，鸡粉3克，料酒10毫升，食用油适量

做法：

❶ 蘑菇切块。

❷ 锅中注入适量清水烧开，倒入洗净的猪大肠，拌匀，加入适量料酒，用大火煮约5分钟，汆去异味。

❸ 取出猪大肠，放凉后将其切成小段，备用。

❹ 用油起锅，放入姜片，爆香。

❺ 倒入猪大肠，炒匀，淋入料酒，炒香。

❻ 注入适量热水，用大火煮沸，撇去浮沫。

❼ 倒入香菇，盖上盖，用中火煮10分钟至食材熟透。

❽ 揭盖，加入盐、鸡粉、枸杞，拌匀后盛入盘碗即可。

No.29

巴蜀猪手

◎ **美容养颜、抗衰老** ◎

做法：

❶ 将一个猪手分六块，去毛后洗净，放入沸水锅中焯10分钟，捞出。

❷ 凉油下锅，放入冰糖，小火慢炒，炒到冒密集小泡后，放入猪蹄，来回翻炒。

❸ 下入花椒、干辣椒、陈皮，炒出香味。

❹ 加酱油、料酒、醋，加水没过猪蹄，大火烧开，小火慢炖。

❺ 快收干汁时，开大火，加盐微炖，关火后盛入碗中，撒上葱花即可。

原料：
猪手2个，花椒、干辣椒、陈皮各少许，葱花适量
调料：
盐5克，酱油、料酒各6毫升，醋少许，冰糖3克，食用油适量

No.30

风味排骨

◎ **强健筋骨、增强体力** ◎

原料：
排骨600克，生姜10克，大蒜10克，小米椒5克，泡椒15克，酸豆角15克

调料：
食用盐3克，胡椒粉1克，生抽、酱油各4毫升，料酒3毫升，蚝油少许，五香粉2克，鸡粉2克，蒜油、食用油各适量

做法：

❶ 将排骨洗净，剁成小块；小米椒、泡椒、酸豆角分别洗净，切段；生姜、大蒜分别洗净，切末。

❷ 将排骨放入盆中，加入食用盐、胡椒粉、生抽、酱油、料酒、生姜、蚝油、五香粉，搅拌均匀，再加入蒜油，腌制10分钟。

❸ 锅中注入适量食用油，烧至六成热，将腌好的排骨依次下入锅中，浸炸3分钟，捞出。

❹ 锅中留少许油，加入生姜、大蒜炒香，加入小米椒、泡椒、酸豆角翻炒片刻。

❺ 加入炸好的排骨、鸡粉、五香粉，翻炒均匀，出锅装盘即可。

No.**31**

干锅排骨

◎ 滋阴壮阳、益精补血 ◎

原料：

排骨500克，土豆100克，芹菜50克，红椒50克，青椒50克，洋葱50克，姜片20克，干辣椒、花椒各适量

调料：

盐3克，生抽15毫升，老抽5毫升，料酒15毫升，辣椒油20毫升，生粉20克，食用油适量

做法：

① 土豆去皮洗净，切条；芹菜洗净切段；红椒洗净切块；洋葱洗净切块。

② 排骨洗净切小块，加少许盐、料酒、生粉拌匀，腌制20分钟。

③ 锅中加适量油，烧至五成热，放入排骨，炸约3分钟，捞出。

④ 锅留底油，放入姜片、花椒、干辣椒、土豆、芹菜、红椒、青椒、洋葱，翻炒，炒至熟软。

⑤ 加入排骨，淋入料酒炒香，放入剩余其他调料，炒匀。关火后盛出装入干锅里即可。

No.32

糯米排骨

◎ 开胃 ◎

原料:

排骨500克,糯米200克,玉米50克,红椒粒、青椒粒、姜末、蒜末、葱花各适量

调料:

老抽3毫升,生抽5毫升,蚝油5毫升,料酒5毫升,盐3克,白糖2克

做法:

❶ 糯米提前用水浸泡5~8小时

❷ 排骨洗净切成小块,加入姜末、蒜末、老抽、生抽、蚝油、料酒、盐和白糖抓匀后腌制2小时。

❸ 将腌制好的排骨放入泡发好的糯米中,使排骨表面粘满糯米。

❹ 蒸锅注水,放入排骨,大火加热蒸50分钟。

❺ 揭盖,将蒸好的排骨取出,盛入碗中,摆上煮熟的玉米块,撒上葱花、红椒粒和青椒粒即可。

No.33

老南瓜粉蒸排骨

◎ **提高记忆力** ◎

原料：
去皮老南瓜500克，排骨400克，
蒸肉粉100克，蒜末、葱花各适量

调料：
盐2克，鸡粉2克，食用油适量

做法：

❶ 将洗净的排骨斩块，装入碗中，再放入少许蒜末，加入适量蒸肉粉，抓匀。

❷ 放入少许鸡粉、盐，拌匀。

❸ 倒入少许食用油，抓匀。

❹ 将排骨装入南瓜里备用。

❺ 蒸锅大火烧开，放入备好的食材，盖上盖，小火蒸约20分钟。

❻ 揭盖，把蒸好的排骨取出，撒上葱花即可。

No.34

排骨莲藕汤

◎ **滋阴壮阳** ◎

原料：

排骨400克，莲藕200克，玉竹
60克克，水发莲子60克，红枣、
花生仁、姜片各适量

调料：

盐2克，鸡粉2克

做法：

❶ 排骨斩成块，莲藕切成块。

❷ 锅内注水烧开，倒入排骨，汆去血水后捞出。

❸ 取一砂锅，倒入姜片、排骨、莲藕、玉竹、莲子、红枣、花生仁，拌匀。

❹ 盖上锅盖，大火煮开后转小火煮1小时。

❺ 揭盖后，加入盐、鸡粉拌匀入味。

❻ 将煮好的汤汁盛入碗中即可。

No.35

冬瓜排骨汤

◎ 清热祛暑 ◎

做法:

❶ 将去皮洗净的冬瓜切长方块,装盘备用。

❷ 洗净的排骨斩成段,装入盘中。

❸ 锅中加适量清水,倒入排骨,用大火煮沸,氽去血水,捞出备用。

❹ 锅中另加适量清水烧开,倒入排骨,放入姜片,倒入切好的冬瓜。

❺ 淋入少许料酒,加入适量盐、鸡粉、胡椒粉,加盖,小火炖1小时。

❻ 揭盖,将煮好的食材盛入碗中即可。

原料：
去皮冬瓜200克，排骨500克，姜片适量
调料：
盐3克，鸡粉3克，胡椒粉5克，料酒少许

No.36

毛氏红烧肉

◎ **增强免疫力** ◎

原料：

五花肉300克，西蓝花100克，大蒜片若干，八角3个，桂皮1片，草果2个，姜片适量

调料：

盐4克，白糖、鸡粉各3克，料酒8毫升，豆瓣酱10克，老抽5毫升，食用油适量，白酒少许

做法：

❶ 锅中注水，放入洗净的五花肉，盖上盖，大火煮约5分钟去除血水，捞出，待用。

❷ 洗净的西蓝花切成朵，放入沸水中煮至断生，捞出待用。

❸ 将五花肉切成3厘米的方块，修平整。

❹ 炒锅注油烧热，加入适量白糖，炒至溶化。

❺ 倒入八角、桂皮、草果、姜片爆香，再倒入蒜片，炒匀。

❻ 放入五花肉块，炒片刻。

❼ 淋入少许料酒，倒入豆瓣酱炒匀，加盐、鸡粉、老抽炒至入味。

❽ 淋入少许白酒，盖上盖，小火焖40分钟至熟软。

❾ 揭盖，转大火，炒片刻后关火，将西蓝花摆入盘内，摆放上红烧肉即可。

No.37

酸甜炸鸡块

◎ **开胃** ◎

原料：
鸡胸肉300克，面包糠100克，番茄酱60克，白芝麻适量

调料：
盐3克，鸡粉3克，辣椒粉3克，食用油适量

做法：

❶ 洗净的鸡胸肉切成块，加入盐、鸡粉、辣椒粉、食用油拌匀，腌渍10分钟至入味。

❷ 面包糠倒入盘中，把鸡肉块包裹上面包糠，待用。

❸ 热锅注油烧至七成热，放入鸡肉块，油炸至微黄色，捞出，待用。

❹ 锅内留油，倒入鸡块，挤上番茄酱，翻炒至入味。

❺ 关火，将鸡肉块盛入盘中撒上白芝麻即可。

No.38

鸡肉沙拉

◎ 增强免疫力 ◎

做法：

❶ 锅内注水烧开，倒入鸡胸肉，煮至变白色，捞出，冷却后切成块。

❷ 取一个碗，放入鸡胸肉块，放入盐、鸡粉、胡椒粉、橄榄油拌匀。

❸ 取一个盘，摆放上生菜，放上鸡胸肉块即可。

原料：
鸡胸肉200克，生菜适量
调料：
盐2克，鸡粉2克，胡椒粉2克，橄榄油适量

No.39

鸡胸肉炒西蓝花

◎ **温中益气、补脾和胃** ◎

原料：

鸡胸肉100克，西蓝花200克，小米椒2根，蒜末适量

调料：

酱油、盐、淀粉、胡椒粉、食用油各适量

做法：

❶ 鸡胸肉切块，加适量酱油、胡椒粉、淀粉抓匀，腌制15分钟。

❷ 西蓝花洗净切成小朵，小米椒切段。

❸ 热锅加少许底油，放入蒜末、小米椒爆香，放鸡胸肉翻炒至变白。

❹ 放西蓝花翻匀，加少许清水，放盐、酱油翻炒至所有食材熟透即可。

No.40

香辣鸡腿

◎ 益气补血 ◎

做法：

❶ 汤锅置于火上，倒入约2500毫升清水，放入洗净的鸡腿，用大火煮沸。

❷ 揭开盖，撇去汤中浮沫。

❸ 盖好盖，转用小火熬煮约1小时。

❹ 取下锅盖，捞出鸡腿待用。

❺ 炒锅烧热，注入少许食用油，倒入蒜头、葱结、香菜、干辣椒，用大火爆香。

❻ 放入白糖，翻炒至白糖溶化。

❼ 倒入鸡腿炒至上色。

❽ 加入适量清水，盖上盖，煮至沸腾。

❾ 揭盖，加入盐、生抽、老抽、鸡粉拌匀，煮至汤汁收浓。

❿ 关火，将煮好的鸡腿盛入盘中即可。

原料：
鸡腿300克，蒜头、葱结、香菜、干辣椒适量

调料：
盐3克，鸡粉3克，白糖3克，老抽5毫升，生抽5毫升，食用油适量

No.41

藤椒鸡

○ 增强免疫力、开胃 ○

原料:
鸡肉300克,蒜末、小米椒各适量

调料:
生抽5毫升,豆瓣酱10克,花椒油5毫升,料酒5毫升,盐3克,鸡粉3克,生粉5克,水淀粉、食用油各适量

做法：

① 洗净的小米椒切成圈，鸡肉切块。

② 把洗好的鸡肉块放入碗中，加入少许生抽、料酒、盐、鸡粉，拌匀，撒上生粉，拌匀，腌制10分钟至其入味。

③ 锅中注油，烧至五成热，倒入腌制好的鸡肉块，拌匀，炸半分钟至其呈金黄色，捞出，沥干油，待用。

④ 锅底留油，倒入蒜末、小米椒，爆香。

⑤ 放入鸡块，炒匀，淋入适量料酒，炒匀提味。

⑥ 加入豆瓣酱、生抽，炒匀，淋入花椒油，加入盐、鸡粉调味。

⑦ 注入适量清水，盖上盖，煮开后用小火煮10分钟至其熟软。

⑧ 揭盖，倒入水淀粉勾芡，关火后盛出锅中的菜肴即可。

No.42

鸡肉丸子汤

◎ **增强免疫力** ◎

原料：
熟鸡胸肉170克，胡萝卜片40克，菠菜40克

调料：
盐3克，鸡粉3克，黑胡椒粉3克，料酒10毫升，水淀粉适量

做法：

❶ 熟鸡胸肉切成末。

❷ 把鸡肉末倒入碗中，加入少许盐、鸡粉，放入黑胡椒粉、料酒，再注入水淀粉，快速搅拌片刻，使肉质起劲。

❸ 将鸡肉分成数个肉丸，整好形状，待用。

❹ 锅置火上，注入适量清水，大火煮沸。

❺ 倒入鸡肉丸，放入胡萝卜、菠菜，盖上盖，烧开后转小火煮约10分钟。

❻ 揭盖，将食材盛入碗中即可。

No.43

红枣桂圆鸡汤

◎ **增强免疫力** ◎

原料：
鸡肉400克，桂圆肉20
颗，红枣20颗

调料：
冰糖5克，盐4克，料酒
10毫升，米酒10毫升

做法：

❶ 把洗净的鸡肉切开，再斩成小块，放入盘中待用。

❷ 锅中注入约800毫升清水烧开，倒入鸡块，再淋入少许料酒。拌煮约1分钟，
余去血渍捞出，待用。

❸ 砂锅中注入900毫升清水，用大火烧开。

❹ 放入洗净的桂圆肉、红枣，倒入余过水的鸡块，加入冰糖，淋入少许米酒。

❺ 盖上盖，煮沸后用小火煮约40分钟至食材熟透。

❻ 取下盖，调入少许盐，拌匀，续煮片刻至食材入味。

❼ 揭盖，将汤盛入汤碗中即可。

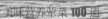

No.44

甜椒鸡丁

◎ 增强免疫力 ◎

原料：
红椒50克，鸡胸肉200克，菠萝50克，葱段、蒜末各适量

调料：
盐2克，鸡粉2克，食用油、生抽、水淀粉各适量

做法：

① 红椒切块；菠萝切小块。

② 鸡胸肉切丁。

③ 热锅注油，倒入蒜末、葱段爆香。

④ 倒入鸡胸肉炒至变色。

⑤ 加入红椒块、菠萝块、盐、鸡粉、生抽炒至入味。

⑥ 加入适量清水，用水淀粉勾芡。

⑦ 关火后将食材盛入盘中即可。

No.45

钵钵鸡

◎ 温中益气、补肾填精 ◎

原料：
鸡肝100克，水发木耳100克，土豆90克，莲藕80克

调料：
盐3克，红油10毫升，花椒5克，花椒粉5克，白糖3克，鸡粉3克

做法：

❶ 鸡肝切块，穿到竹签上。

❷ 莲藕切片；土豆切片；木耳洗净。

❸ 将食材都穿到竹签上。

❹ 将盆内加入盐、红油、花椒、花椒粉、白糖、鸡粉拌匀。

❺ 锅内注水烧开，放入食材煮至断生后捞出待用。

❻ 将串串放入酱汁中即可食用。

No.46

鸡肉西红柿汤

◎ 健胃消食、生津止渴 ◎

原料：
鸡肉200克，西红柿70克，姜片10克，葱花5克
调料：
盐3克

做法：

❶ 处理好的鸡肉切成片，洗净的西红柿切块待用。

❷ 备好电饭锅，加入备好的鸡肉、西红柿，再放入姜片、盐，注入适量清水拌匀，盖上盖，按下"功能"键，调至"靓汤"状态，时间定为30分钟煮至食材熟透。

❸ 待30分钟后，按下"取消"键，打开锅盖，倒入备好的葱花拌匀。

❹ 将煮好的汤盛出装入碗中即可。

No.47

胡萝卜鸡肉饼

◎ 健脾消食、保护视力、润肠通便 ◎

原料：
鸡胸肉70克，胡萝卜30克，面粉100克

调料：
盐2克，鸡粉、食用油各适量

做法：

❶ 洗好的鸡胸肉切片，再剁成泥；洗净的胡萝卜切片，再切成细丝，改切成粒。

❷ 锅中注入清水烧开，加入少许盐，倒入胡萝卜粒，搅散，煮约1分钟，捞出，沥干水分，待用。

❸ 取一个大碗，倒入鸡肉泥、胡萝卜粒，加入少许盐、鸡粉，注入少许温水，搅拌均匀，倒入适量面粉，拌匀，加入食用油，搅拌成面糊状，备用。

❹ 煎锅上火烧热，淋入少许食用油，放入面糊，摊开、铺平，呈饼状，用小火煎成形，翻转面饼，用中火煎至两面熟透，关火后盛入盘中，分切成小块即可。

No.48

花蛤酱焖清远鸡

◎ **增强免疫力** ◎

原料：

光鸡半只，花蛤300克，姜片20克，蒜薹50克

调料：

盐2克，生抽20毫升，老抽10毫升，料酒30毫升，水淀粉、食用油各适量

做法：

❶ 鸡肉洗净斩成小块，蒜薹洗净切段。

❷ 把蒜薹放入沸水锅里，加少许盐，煮约半分钟捞出。再把鸡肉、花蛤放入沸水锅中，加少许料酒煮沸，氽去血水，待花蛤开壳，捞出。

❸ 起油锅，放入姜片爆香，倒入鸡块、花蛤，淋入料酒炒香。

❹ 放入盐、生抽、老抽炒匀调味，倒入水淀粉，炒匀勾芡。

❺ 将炒好的食材盛出装入干锅里，放上蒜薹，插入装饰品即可。

No.49

玉米胡萝卜鸡肉汤

◎ **增强免疫力、温中益气、健脾胃** ◎

原料：
鸡肉块350克，玉米块170克，胡萝卜120克，姜片少许
调料：
盐、鸡粉各3克，料酒适量

做法：

❶ 洗净的胡萝卜切开，改切成小块，备用。

❷ 锅中注入适量清水烧开，倒入洗净的鸡肉块，加入料酒，拌匀，用大火煮沸，余去血水，撇去浮沫，捞出，沥干水分，待用。

❸ 砂锅中注入适量清水烧开，倒入余过水的鸡肉，放入胡萝卜、玉米块，撒入姜片，淋入料酒，拌匀，盖上盖，烧开后用小火煮约1小时至食材熟透。

❹ 揭盖，放入适量盐、鸡粉，拌匀调味，关火后盛出煮好的鸡肉汤即可。

No.50

彩椒木耳炒鸡肉

◉ 促进胆固醇的新陈代谢 ◉

原料：
彩椒70克，鸡胸肉200克，水发木耳40克，蒜末、葱段各少许
调料：
盐3克，鸡粉 3克，水淀粉适量，料酒10毫升，蚝油4毫升，食用油适量

做法：

❶ 洗好的木耳切成小块；洗净的彩椒切条，改切成小块。

❷ 洗好的鸡胸肉切片，将鸡肉片装入碗中，加入少许盐、鸡粉，淋入适量水淀粉拌匀，倒入食用油，腌制10分钟至其入味。

❸ 锅中注入适量清水烧开，加入少许盐、食用油，倒入切好的木耳搅散，煮至沸，放入彩椒块，拌匀，煮至断生，捞出，沥水待用。

❹ 用油起锅，放入蒜末、葱段，爆香，倒入腌好的鸡肉片炒至变色，淋入料酒，炒匀提味，倒入焯过水的食材翻炒匀，加入适量盐、鸡粉、蚝油，炒匀调味，淋入适量水淀粉快速翻炒，关火后将炒好的食材盛出即可。

No.51

茶树菇腐竹炖鸡肉

◉ **降低血糖** ◉

原料：
光鸡400克，茶树菇100克，腐竹60克，姜片、蒜末、葱段各少许

调料：
豆瓣酱6克，盐3克，鸡粉2克，料酒、生抽各5毫升，水淀粉、食用油各适量

做法：

❶ 将光鸡斩成小块；洗净的茶树菇切成段。

❷ 锅中注水烧热，倒入鸡块搅匀，撇去浮沫，捞出沥水。

❸ 热锅注油，烧至四成热，倒入洗好的腐竹，炸约半分钟至其呈虎皮状，捞出沥油，再浸在清水中泡软后待用。

❹ 用油起锅，放入姜片、蒜末、葱段，用大火爆香，倒入余过水的鸡块翻炒至断生，淋入少许料酒，炒香、炒透，放入生抽、豆瓣酱，翻炒几下，加入盐、鸡粉炒匀调味，注入适量清水，倒入泡软的腐竹，翻炒均匀，盖上盖，煮沸后用小火煮约8分钟至全部食材熟透，取下盖，倒入切好的茶树菇翻炒均匀，续煮约1分钟至其熟软，转大火收汁，倒入适量水淀粉勾芡，关火后盛出即可。

No.52

干煸鸡翅

◎ **开胃消食、强身健体** ◎

做法：

❶ 青椒洗净，切块；干辣椒洗净，切段；葱洗净，切段；生姜洗净，切丝。

❷ 鸡翅尖洗净，放入蜂蜜、生抽，加入适量盐，提前腌制两小时。

❸ 锅里放油烧热，放入鸡翅尖，用小火炸成金黄色，捞出来控净油，青椒也放到锅里炸一会儿，捞出。

❹ 锅底留油，放入花椒粒炸出香味，放入姜丝翻炒，放入干辣椒段、花生米翻炒几下。

❺ 放入炸好的鸡翅尖和青椒翻炒均匀，加入豆瓣酱、盐炒匀调味，出锅放上葱段即可。

原料:
鸡翅尖200克,青椒10克,干辣椒10克,花椒、熟花生米各适量,葱5克,生姜5克

调料:
盐4克,豆瓣酱5克,生抽3毫升,蜂蜜3毫升,食用油适量

No.53

文蛤辣子鸡

◎ **增强免疫力** ◎

原料：

青椒40克，红椒40克，莲藕80克，文蛤130克，鸡胸肉100克，干辣椒、姜片、蒜片和葱段各适量

调料：

辣椒油5毫升，生抽5毫升，盐3克，鸡粉3克，生粉适量，料酒10毫升，食用油、豆瓣酱、水淀粉各适量

做法：

❶ 洗好的青椒、红椒切成圈；莲藕切丁；鸡胸肉切丁。

❷ 锅内注水烧开，倒入文蛤，去除浮沫，捞出待用。

❸ 将鸡肉丁装入碗中，淋入生抽，放入少许盐和鸡粉，加入料酒，放入生粉，混合均匀。

❹ 锅内注油烧至七成热，放入鸡肉丁炸至微黄色后捞出待用。

❺ 锅留底油，倒入干辣椒、姜片、蒜片和葱段。

❻ 倒入鸡块，略炒片刻，淋入料酒，炒出香味。

❼ 放入豆瓣酱，炒匀调味。

❽ 倒入青椒、红椒、莲藕炒匀。

❾ 加入辣椒油、生抽、盐和鸡粉，炒匀调味。

❿ 淋入适量水淀粉勾芡后，将食材盛入盘中即可。

No.54

蜀国椒麻鸡

◎ **增强免疫力** ◎

做法:

❶ 将鸡腿洗净,斩成小块装入碗中,加入少许生抽、盐、鸡粉、料酒,拌匀。

❷ 加入生粉,拌匀,腌制10分钟。

❸ 锅中注入适量食用油,烧至四成热,倒入腌好的鸡肉块,拌匀。

❹ 捞出炸好的鸡块,沥干油,待用。

❺ 锅底留油烧热,倒入姜片、葱段、蒜末,炒香。

❻ 放入八角、桂皮、香叶、花椒、干辣椒、青花椒炒匀。

❼ 倒入炸好的鸡块,翻炒匀,淋入少许料酒,炒匀。

❽ 倒入青椒、红椒,加入少许生抽,炒匀提香。

❾ 注入适量清水,加入少许盐、鸡粉。

❿ 淋入适量辣椒油、花椒油,拌匀调味。

⑪ 倒入水淀粉,翻炒均匀。

⑫ 关火后盛出炒好的菜肴即可。

原料:

鸡腿150克,青椒40克,红椒40克,青花椒20克,生粉适量,八角2个,桂皮1片,香叶3片,花椒10克,干辣椒10克,姜片、葱段、蒜末适量

调料:

生抽5毫升,盐3克,鸡粉3克,料酒5毫升,辣椒油5毫升,花椒油5毫升,水淀粉适量,食用油、生粉各适量

No.55

棒棒鸡

◎ 温中益气、补虚填精 ◎

原料：
鸡腿200克，熟芝麻仁3克，葱段、姜片、香菜、熟花生仁各适量

调料：
料酒5毫升，生抽3毫升，花椒粉3克，白糖5克，味精3克，辣椒油15毫升，香油10毫升

做法：

❶ 鸡腿洗净。

❷ 锅中加入葱段、姜片、料酒，放入鸡腿大火烧沸，转中小火煮10分钟关火，捞出凉凉。

❸ 取一碗，碗中加入生抽、白糖、味精、花椒粉、辣椒油、熟芝麻仁、香油调成味汁。

❹ 用特制的木棒将煮熟的鸡腿肉拍松，切成均匀薄片。

❺ 浇入味汁，放上熟花生仁、香菜即可。

No.56

家常拌土鸡

◉ **温中益气、补肾填精** ◉

做法：

❶ 大葱白切小段；鸡肉斩小块。

❷ 把鸡块放入凉水锅里，加料酒煮开，转中小火煮15分钟至熟透，捞出，冲洗干净晾干水分。

❸ 将大葱和鸡块装入碗里，加盐、辣椒酱、熟白芝麻拌匀，装入盘中，撒上葱段即可。

原料：

光鸡半只，大葱1根，熟白芝麻30克，葱段少许

调料：

盐2克，辣椒酱50克，料酒10毫升

No.57

烧椒口味乌鸡

◎ 补肝益肾、健脾止泻 ◎

做法：

❶ 乌鸡洗净斩成块，入开水锅中汆去血水，捞出。

❷ 青辣椒洗净切条，红辣椒洗净切圈。

❸ 油锅烧热，倒入青红辣椒、花椒，翻炒至断生。

❹ 撒入盐、生抽，炒均匀，倒入鸡块，翻炒片刻。

❺ 加入适量水，盖上锅盖焖煮至收汁，盛出即可。

原料：
乌鸡300克，青辣椒30克，红辣椒10克，花椒5克
调料：
盐4克，生抽3毫升，食用油适量

No.58

核桃仁鸡丁

◎ 缓解疲劳、保护皮肤 ◎

原料：
核桃仁30克，鸡胸肉180克，青椒40克，胡萝卜50克，姜片、蒜末、葱段各少许

调料：
盐3克，鸡粉2克，食粉、料酒、水淀粉、食用油各适量

做法：

❶ 将洗净去皮的胡萝卜切厚片，再切条，改切成丁；洗好的青椒对半切开，去籽，切成丁；洗净的鸡胸肉切厚块，切条，改切成丁，装入碗中，加少许盐、鸡粉，倒入适量水淀粉，抓匀，注入适量食用油，腌制10分钟至入味。

❷ 锅中注水烧开，放入胡萝卜，焯煮1分钟至其七成熟，捞出，备用。

❸ 锅中加适量食粉，放入核桃仁，焯煮1分钟捞出，备用。

❹ 热锅注油，烧至三成热，放入核桃仁，炸出香味捞出，备用。

❺ 锅底留油，放入姜片、蒜末、葱段，爆香，倒入腌制好的鸡肉，翻炒匀，倒入青椒、胡萝卜炒匀，淋入料酒，炒香，加入适量盐、鸡粉，炒匀调味，倒入适量水淀粉勾芡，将材料盛出，装入盘中，放上核桃仁即可。

No.59

鲜椒小煎鸡

◎ 增强免疫力 ◎

原料：
鸡肉200克，青椒40克，红椒40克，姜末、蒜末、葱末各适量

调料：
盐3克，鸡粉3克，生抽5毫升，水淀粉适量，料酒5毫升，食用油适量

做法：

① 洗好的鸡肉切开，切成条形，改切成肉丁，青椒切段；红椒切段。

② 把鸡肉丁放入碗中，加入少许盐、鸡粉，淋入水淀粉，拌匀，再注入少许食用油，腌制约10分钟至入味。

③ 锅中注入适量清水，用大火烧开。

④ 用油起锅，倒入腌制好的鸡肉丁，翻炒匀。

⑤ 下入姜末、蒜末、葱末。

⑥ 淋上少许料酒，快速翻炒几下至食材七成熟。

⑦ 倒入青椒、红椒炒匀，再淋入少许生抽，炒匀提鲜。

⑧ 注入适量清水，再加入盐、鸡粉，炒至入味。

⑨ 关火后，将食材盛入碗中即可。

No.60

板栗焖鸡

◎ **增强免疫力** ◎

原料：
光鸡半只，去皮板栗300克，红椒、青椒各50克，姜片20克

调料：
盐3克，生抽20毫升，老抽5毫升，料酒20毫升，食用油适量

做法：

❶ 光鸡洗净斩成小块；红椒、青椒洗净，切小块；去皮板栗洗净备用。

❷ 把鸡块倒入沸水锅中，加少许料酒煮沸，余去血水捞出。

❸ 起油锅，放入姜片爆香，倒入鸡块炒匀，淋入料酒炒香。

❹ 倒入板栗、红椒、青椒，炒匀，放盐、生抽、老抽炒匀，加适量清水煮沸，转入砂锅煮沸，加盖转小火焖20分钟即可。

No.61

粉蒸鸭肉

◎ **开胃消食、增强免疫力** ◎

原料：
鸭肉350克，蒸肉米粉50克，水发香菇110克，葱花、姜末各少许

调料：
盐1克，甜面酱30克，五香粉5克，料酒5毫升

做法：

❶ 取一个蒸碗，放入鸭肉，加入盐、五香粉，再加入少许料酒、甜面酱，倒入香菇、葱花、姜末，搅拌匀，倒入蒸肉米粉，搅拌片刻。

❷ 另取一个碗，碗底放入鸭肉，再平铺上香菇，压实，待用。

❸ 蒸锅上火烧开，放入鸭肉，盖上锅盖，大火蒸30分钟至熟透。

❹ 掀开锅盖，将鸭肉取出，将鸭肉扣在盘中即可。

No.62

鸭掌粉丝煲

◎ **增强免疫力** ◎

原料：
鸭掌150克，水发粉丝200克，葱花、姜片、蒜末适量

调料：
盐3克，鸡粉3克，蚝油5毫升，食用油、水淀粉各适量

做法：

❶ 将洗净的粉丝切成段。

❷ 用油起锅，加入姜片、蒜末爆香。

❸ 倒入切好的鸭掌翻炒匀，拌炒1分钟至熟。

❹ 倒入粉丝炒匀。

❺ 加盐、鸡粉、蚝油调味，再翻炒片刻。

❻ 用水淀粉勾芡，翻炒匀至入味。

❼ 关火后将食材盛入盘中，撒上葱花即可。

No.63

茶树菇炒鸭丝

◎ **开胃消食、增强免疫力** ◎

做法：

❶ 鸭肉洗净，切丝，加盐、料酒、酱油腌渍30分钟；茶树菇泡发，洗净，切去老根；青椒、红椒均洗净，切丝。

❷ 油锅烧热，下鸭肉煸炒，再放入茶树菇翻炒。

❸ 放入青椒、红椒，翻炒至熟。

❹ 出锅前调入味精炒匀，淋入香油拌匀即可。

原料：
茶树菇100克，鸭肉150克，青椒、红椒各适量

调料：
盐、味精各3克，料酒、酱油、香油各10毫升，食用油适量

No.64

酱香鸭舌

◎ 开胃 ◎

原料:

鸭舌500克,大蒜2颗,生姜若干,花椒粒5克,香叶、桂皮各2片,小米椒、干辣椒各4个,八角2个

调料:

冰糖5克,黄酒10毫升,老抽50毫升,生抽、啤酒各100毫升,料酒、食用油各适量,花椒油5毫升

做法:

❶ 将鸭舌泡在水中,去除血水,然后清洗干净,去除舌苔喉管。

❷ 锅中放入适量清水,加入花椒粒、料酒,水开后放入鸭舌,煮5分钟捞出,换水焯第二遍,同样也是5分钟,捞出沥水。

❸ 姜去皮,切小块,加入50毫升凉开水榨汁备用。

❹ 锅中加入少许油,放入大蒜、花椒油、香叶、桂皮、小米辣、干辣椒、八角煸炒,倒入鸭舌翻炒,加入料酒、生抽、老抽、黄酒、倒入啤酒,盖上盖用大火煮开后倒入姜汁、冰糖,转小火20分钟后关火。

❺ 将鸭舌彻底放凉后放入冰箱冷藏一夜,使其充分入味。

❻ 鸭舌从冰箱取出,大火烧开收汁,搅拌,关火,码入盘中即可。

No.65

鸭肉炒菌菇

◎ 调节新陈代谢、增强免疫力 ◎

原料：

鸭肉170克，白玉菇100克，香菇60克，彩椒、圆椒各30克，姜片、蒜片各少许

调料：

盐3克，鸡粉2克，生抽2毫升，料酒4毫升，水淀粉、食用油各适量

做法：

❶ 洗净的香菇去蒂，再切片；洗好的白玉菇切去根部；洗净的彩椒切粗丝；洗好的圆椒切粗丝；处理好的鸭肉切条放入碗中，加少许盐、生抽、料酒、水淀粉拌匀，倒入食用油，腌制约10分钟，至其入味。

❷ 锅中注水烧开，倒入香菇拌匀，煮约半分钟，放入白玉菇拌匀，略煮，放入彩椒、圆椒，加少许食用油，煮至断生，捞出，沥水备用。

❸ 用油起锅，放入姜片、蒜片，爆香，倒入腌好的鸭肉炒至变色，放入焯过水的食材炒匀，加入适量盐、鸡粉，炒匀调味。

❹ 关火后将炒好的食材盛入盘中即可。

No.66

酸辣鸭血肥肠

◎ 补虚、润肠通便 ◎

原料：

盒装鸭血200克，肥肠200克，泡椒20克，泡菜50克，青椒20克，花椒3克，姜片、葱段各适量

调料：

盐5克，料酒、蚝油、生抽各5毫升，高汤、食用油各适量

做法：

❶ 将肥肠加适量盐反复抓洗干净，下入盛有适量清水的锅中，加入少许料酒、姜片、葱段后开火，煮至锅内水开1分钟后将肥肠捞出，再次用清水冲洗干净，沥干，切成段。

❷ 盒装鸭血洗净，切成小块；泡椒洗净，切成圈；泡菜洗净，切片；青椒洗净，切成圈。

❸ 热锅放油，下入花椒，炸出香味后下入鸭血与肥肠，翻炒干水分后下入姜片，炒匀。

❹ 放料酒，炒匀后下入泡菜与泡椒，炒匀。

❺ 下入蚝油、盐、高汤，烧开后改小火煮20分钟。

❻ 放入生抽、青椒圈，炒匀后出锅即可。

No.67

火爆鸭唇

◎ 益气补虚 ◎

原料:
卤鸭舌200克,干辣椒30克,
花椒20克

调料:
盐3克,鸡粉3克,白糖2克,
料酒10毫升,辣椒粉10克,生
抽、食用油各适量

做法:

❶ 热锅注油,倒入花椒、干辣椒爆香。

❷ 倒入卤鸭舌,淋入少许料酒,炒香。

❸ 加入适量生抽,放入盐、白糖、鸡粉,炒匀调味。

❹ 倒入辣椒粉,快速拌炒均匀。

❺ 关火后将炒好的鸭舌盛入盘中即可。

No.68

青椒鹅肠鸭血

◎ **益气补虚** ◎

原料：
青椒60克，鹅肠150克，鸭血80克，蒜末适量

调料：
盐2克，鸡粉3克，生抽5毫升，食用油适量

做法：

❶ 青椒切段；鹅肠切块；鸭血切块。

❷ 锅内注水烧开，倒入鹅肠煮至断生，捞出待用。

❸ 热锅注油，倒入蒜末爆香。

❹ 倒入鹅肠炒匀。

❺ 倒入青椒，炒匀，注入适量清水，倒入鸭血，煮至沸腾。

❻ 加入盐、鸡粉、生抽拌匀煮至入味。

❼ 将食材盛入碗中即可。

No.69

林里烧鹅

◎ **增强免疫力** ◎

原料：
苦瓜80克，鹅肉150克，干辣椒10克，青椒、红椒、蒜苗、蒜末、姜片各适量

调料：
料酒10毫升，生抽5毫升，盐3克，鸡粉3克，水淀粉适量，食用油适量

做法：

❶ 将洗净的苦瓜切块，青椒切块，红椒切块。

❷ 洗净的鹅肉斩块。

❸ 起油锅，倒入切好的鹅肉，翻炒至变色，加料酒、生抽炒匀。

❹ 倒入蒜末、姜片和洗好的干辣椒，倒入适量清水，加入盐、鸡粉，炒匀调味，加盖焖5分钟至鹅肉熟透。

❺ 揭开锅盖，倒入苦瓜，盖上盖，焖煮3分钟至熟。

❻ 揭盖，用大火收汁，倒入已洗净的蒜苗、红椒拌匀。

❼ 加水淀粉勾芡，翻炒匀至入味后将食材盛入盘中即可。

No.70

滑炒鸭丝

◎ 清虚劳之热、补血行水 ◎

原料：
鸭肉160克，彩椒60克，香菜梗、姜末、蒜末、葱段各少许

调料：
盐3克，鸡粉1克，生抽4毫升，料酒4毫升，水淀粉、食用油各适量

做法：

❶ 将洗净的彩椒切成条；洗好的香菜梗切段；将洗净的鸭肉切片，改切成丝，装入碗中，倒入少许生抽、料酒，再加入少许盐、鸡粉、水淀粉，抓匀，注入适量食用油，腌制10分钟至入味。

❷ 用油起锅，下入蒜末、姜末、葱段，爆香，放入鸭肉丝，加入适量料酒，炒香，再倒入适量生抽，炒匀。

❸ 下入切好的彩椒，拌炒匀，放入适量盐、鸡粉，炒匀，倒入适量水淀粉勾芡，放入香菜段，炒匀。

❹ 将炒好的菜盛出，装入盘中即可。

No.71

农家生态鹅

◎ 补虚益气 ◎

原料:

鹅肉150克,红椒30克,油豆腐80克,姜片、蒜末、葱段各适量

调料:

盐3克,鸡粉3克,料酒10毫升,生抽5毫升,食用油适量

做法:

❶ 鹅肉切块,红椒切丝。

❷ 锅中注入适量清水烧开,倒入洗净的鹅肉,搅散,汆去血水,捞出汆好的鹅肉,沥干水分,备用。

❸ 用油起锅,放入姜片、蒜末,爆香。

❹ 倒入鹅肉,快速翻炒均匀,淋入料酒、生抽,炒匀提味。

❺ 加入盐、鸡粉,倒入适量清水,炒匀,煮沸。

❻ 盖上盖,用小火焖20分钟,至食材熟软。

❼ 揭开盖,放入油豆腐、红椒,搅匀。

❽ 盖上盖,用小火再焖10分钟至食材熟软,盛入碗中,放上葱段即可。

No.72

烧椒鹅肠

◎ **益气补虚** ◎

做法:

① 鹅肠用盐水洗净,切段。

② 红椒切丝,青椒切丝。

③ 锅中倒入适量清水烧开,倒入鹅肠,余煮至断生后捞出。

④ 热锅注油,放入姜片、蒜末煸香。

⑤ 倒入鹅肠略炒,加料酒翻炒熟。

⑥ 加盐、鸡粉、辣椒酱调味。

⑦ 倒入青、红椒丝拌炒匀。

⑧ 加少许蚝油提鲜,撒入胡椒粉拌匀。

⑨ 关火后将炒好的食材盛入碗中即可。

原料：

鹅肠150克，红椒30克，青椒
30克，姜片、蒜末各适量

调料：

盐3克，鸡粉3克，辣椒酱10
克，胡椒粉5克，食用油、料
酒、蚝油各适量

No.73

清蒸鲈鱼

◎ 增强免疫力 ◎

做法:

❶ 处理干净的鲈鱼从背部切开,放入盘中,放上姜片,待用。

❷ 蒸锅注水,放入鲈鱼,加盖,大火蒸7分钟至熟。

❸ 揭盖,取出鲈鱼,撒上葱丝、红椒丝。

❹ 热锅注油,烧至七成热。

❺ 将烧好的油浇在鲈鱼上。

❻ 热锅中加入蒸鱼豉油,烧开后浇在鲈鱼周围即可。

原料:

鲈鱼1条,姜片、葱丝、红椒丝各适量

调料:

蒸鱼豉油10毫升,食用油适量

No.74

糖醋鱼块酱瓜粒

◎ **健脾** ◎

做法：

❶ 黄瓜切丁。

❷ 把鸡蛋打入碗中，撒上适量生粉，加入少许盐，搅散，注入适量清水，拌匀，放入鱼块，搅拌匀。

❸ 热锅注油，烧至四五成热，放入腌好的鱼块，用小火炸约3分钟，至食材熟透。

❹ 捞出鱼块，沥干油，待用。

❺ 锅中注入适量清水烧热，加入少许盐、鸡粉。

❻ 撒上白糖，拌匀，倒入番茄酱，快速搅拌匀。

❼ 加入水淀粉，调成稠汁，待用。

❽ 取一个碗，盛入炸熟的鱼片，浇上酸甜汁，撒上黄瓜丁即可。

原料：
鱼块300克，鸡蛋1个，黄瓜40克

调料：
盐3克，鸡粉3克，白糖3克，番茄酱10克，生粉、水淀粉、食用油各适量

No.75

家乡酸菜鱼

◎ 益智健脑 ◎

原料：
花椒20克，酸菜80克，草鱼1条，鸡蛋1个，小米椒20克，香菜碎适量，蒜末、姜片、葱段各适量

调料：
盐4克，白糖3克，米醋5毫升，胡椒粉3克，料酒10毫升，生粉、食用油各适量

做法：

❶ 小米椒切成斜段，洗好的酸菜切成段。

❷ 鱼身对半片开，将鱼骨与鱼肉分离，鱼骨斩成段；片开鱼腩骨，切成段，装入碗中待用，再将鱼肉切成薄片，装入另一个碗中。

❸ 向装有鱼片的碗中加入盐、料酒、蛋清，拌匀，再倒入生粉，充分搅拌均匀，腌制3分钟。

❹ 热锅注油，放入姜片、花椒、蒜末爆香，放入鱼骨，炒至香，加入小米椒、葱段、酸菜，炒香。

❺ 注入700毫升清水，煮沸，续煮3分钟。

❻ 盛出鱼骨和酸菜，汤底留锅中。

❼ 鱼片放入锅中，放入盐、白糖、胡椒粉、米醋，稍稍拌匀后继续煮至鱼肉微微卷起、变色。

❽ 将鱼肉及汤汁盛入装有鱼骨和酸菜的碗中，撒上香菜碎即可。

No.76

虾丸白菜汤

◎ **清热解毒** ◎

原料：
白菜70克，虾丸80克，鸡肉丸
1个
调料：
盐2克，鸡粉3克

做法：

❶ 热锅注水，倒入虾丸煮至熟软。

❷ 倒入白菜、鸡肉丸，加入盐、鸡粉拌匀。

❸ 煮至沸腾后，将食材盛入碗中即可。

No.77

葱香烤带鱼

◎ 暖胃、补气、养血 ◎

原料：
带鱼段400克，姜片5克，葱段7克

调料：
盐3克，白糖3克，料酒3毫升，生抽3毫升，老抽3毫升，食用油适量

做法：

❶ 处理好的带鱼两面划上一字花刀，装入碗中，再放入姜片、葱段，倒入盐、白糖、料酒、生抽、老抽，拌匀，腌制20分钟。

❷ 在铺好锡纸的烤盘上刷上食用油，放入腌好的带鱼，待用。

❸ 备好烤箱，放入装有食材的烤盘，关上箱门，温度调为180℃，选择上下火加热，烤18分钟。

❹ 打开箱门，取出烤盘，将烤好的带鱼装入盘中即可。

No.78

面鱼儿烧泥鳅

◎ 补益 ◎

原料：

泥鳅150克，玉米面200克，姜片、蒜末、葱白各适量，红辣椒10克，青尖椒30克，青花椒20克

调料：

盐3克，鸡粉3克，豆瓣酱、辣椒酱各5克，料酒10毫升，食用油适量，生粉、生抽、老抽、水淀粉各少许

做法：

❶ 泥鳅去除内脏。

❷ 将玉米面加水调成糊备用。

❸ 备好一个漏瓢，将玉米面漏到盛有凉水的大盆内制成面鱼儿。

❹ 将面鱼儿捞出，放入沸水锅中煮至熟软捞出，盛入碗中待用。

❺ 将泥鳅装入碗中，加入少许盐、料酒，再放入少许生粉，拌匀，腌制10分钟。

❻ 锅中加入适量清水烧开，倒入泥鳅，余去血水，捞出备用。

❼ 用油起锅，倒入姜片、蒜末、葱白、红辣椒、青尖椒、青花椒爆香。

❽ 倒入泥鳅，淋入少许料酒，炒香，加适量盐、鸡粉、豆瓣酱、辣椒酱，翻炒匀。

❾ 加入少许生抽、老抽，炒匀上色，倒入少许水淀粉。

❿ 快速拌炒均匀，将泥鳅盛入放有面鱼儿的碗中即可。

No.79

清蒸富贵鱼

◎ **开胃** ◎

做法：

❶ 将处理好的富贵鱼放入盘中，撒上姜片、小葱。

❷ 蒸锅注水烧开，放入富贵鱼，盖上盖子，大火蒸8分钟。

❸ 揭盖，取出蒸好的鱼，放上葱丝、红椒丝、芹菜叶待用。

❹ 热锅烧油至五成热，将热油浇在鱼上，周围浇上蒸鱼豉油即可。

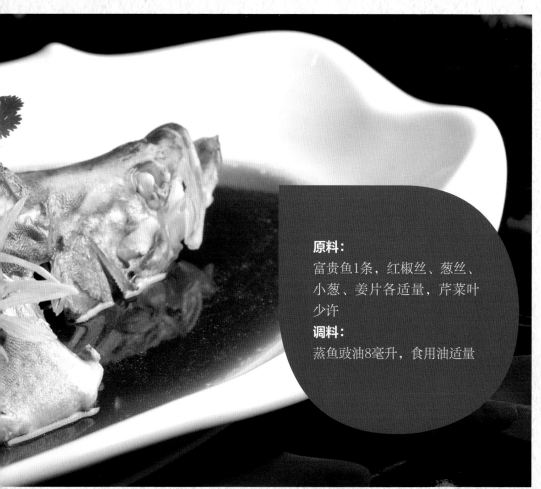

原料：

富贵鱼1条，红椒丝、葱丝、小葱、姜片各适量，芹菜叶少许

调料：

蒸鱼豉油8毫升，食用油适量

No.80

干锅虾

增强免疫、延缓衰老 ◎

原料：
基围虾500克，姜片20克，芹菜叶少许

调料：
盐3克，生抽20毫升，辣椒油20毫升，料酒15毫升，食用油适量

做法：

① 基围虾洗净开背，去掉虾线，放盐、姜片、料酒拌匀腌制15分钟。

② 锅中加适量食用油，烧至五成热，放入基围虾，拌匀炸至转色熟透。

③ 锅留底油，放入姜片爆香，倒入基围虾，加生抽、辣椒油炒匀。

④ 盛出装入干锅里，放上芹菜叶点缀即可。

No.81

香辣虾

◎ 补钙 ◎

原料：
鲜虾300克，洋葱50克，甜椒
50克，姜片、葱段各适量

调料：
白糖3克，盐3克，鸡粉3克，陈
醋5毫升，料酒5毫升，生抽5
毫升，辣椒油5毫升，蒜蓉辣酱
10克，食用油、水淀粉各适量

做法：

1 洋葱切块；鲜虾洗净去虾线。

2 热锅注油，倒入姜片、葱段，爆香。

3 放入虾仁、洋葱、甜椒炒匀。

4 倒入蒜蓉辣酱，炒匀。

5 加入料酒、生抽、适量清水。

6 倒入盐、白糖、鸡粉、陈醋、水淀粉，炒至入味。

7 加入辣椒油，翻炒片刻至熟。

8 关火，将炒好的虾盛出装入碗中。

No.82

铁板粉丝生焗虾

◎ 补钙 ◎

原料：
虾500克，粉丝200克，蒜蓉50克，姜末20克，葱花20克

调料：
盐5克，鸡粉3克，生抽5毫升，食用油适量

做法：

❶ 虾处理干净；粉丝泡发。

❷ 起油锅，将虾入锅内炒至变色，加盐炒匀，捞出备用。

❸ 另起油锅，下入粉丝炒熟，加盐炒匀，捞出摆入铁板上。

❹ 锅内加食用油，加入蒜蓉、姜末、盐、鸡粉、生抽炒匀炒香，做成调味汁，盛出备用。

❺ 将炒熟的虾摆在粉丝上，调味汁摆在虾上，撒上葱花即可。

No.83

白灼虾

◎ **养胃健脾、补血益气** ◎

原料:

基围虾500克,姜块、葱段各10克,花椒少许

调料:

香醋3毫升,生抽2毫升,盐2克,白酒3毫升

152

做法:

❶ 将基围虾洗净。

❷ 姜块洗净后,捣烂挤出汁,调入香醋、生抽制成味汁。

❸ 锅中加入适量水,加入盐、葱段、花椒烧开,加入白酒。

❹ 将虾倒入锅中,轻轻搅动,煮至完全变色。

❺ 捞出虾,控去水分装盘,食用时蘸上味汁。

No.84

虾仁蒸水蛋

◎ **增强免疫力** ◎

原料：
鲜虾80克，鸡蛋3个，蒜末、葱花各适量

调料：
盐2克，食用油适量

做法：

❶ 鲜虾去掉虾线、虾壳。

❷ 鸡蛋打入碗中，搅散，加入适量水，加入盐，水和鸡蛋液的比为1:2，再摆上虾仁，待用。

❸ 蒸锅注水烧开，放入鸡蛋液，加盖，大火蒸煮8分钟。

❹ 揭盖，取出蒸煮好的鸡蛋羹，撒上适量蒜末，待用。

❺ 热锅注油，烧至五成热，浇在食材上，撒上葱花即可。

No.85

招牌生焗虾

◎ **增强免疫力** ◎

原料:
鲜虾100克,水发粉丝80克,
红椒末、青椒末各适量,葱
末、姜末、蒜末各适量,西蓝
花少许

调料:
鸡粉3克,盐3克,料酒10毫
升,生抽5毫升,食用油、水
淀粉各适量

做法:

❶ 鲜虾洗净去除虾线、去壳,虾肉切开;把洗净的粉丝切段。

❷ 虾肉加入鸡粉、盐拌匀,再加入水淀粉拌匀,淋入少许食用油腌制10分钟。

❸ 热锅注油,烧至四成热,倒入虾肉,滑油片刻后捞出。

❹ 用油起锅,倒入葱末、姜末、蒜末爆香。

❺ 倒入虾肉,加料酒炒香。

❻ 倒入粉丝炒匀。

❼ 加入盐、鸡粉、生抽,再淋入熟油拌匀。

❽ 放入青椒末、红椒末快速翻炒匀。

❾ 将食材摆入碗中,摆放上焯过水的西蓝花即可。

No.86

焖淡菜

◎ **补充能量** ◎

原料：
淡菜500克，姜片适量

调料：
盐适量

做法：

❶ 淡菜用淡盐水浸泡半天，用刷子将表面清洗干净，然后将附在壳上的杂物用剪刀剪干净。

❷ 锅内不放一滴水，直接放入姜片，开火，倒入淡菜。

❸ 放上一片姜片，盖上盖，待淡菜煮开壳就可以取出食用。

No.87

辣炒花甲

◎ 滋阴明目、软坚、化痰 ◎

原料:
花甲500克,芹菜80克,洋葱80克,朝天椒3个,姜片20克

调料:
盐2克,豆瓣酱20克,料酒20毫升,食用油适量

做法:

❶ 芹菜洗净切段;洋葱洗净切丝;朝天椒切圈。

❷ 把花甲放入沸水锅中,加盐,加少许料酒拌匀,煮沸,使花甲开壳去沙和杂质,捞出,冲洗干净。

❸ 起油锅,放入姜片、豆瓣酱爆香,放入花甲,淋入料酒炒香。

❹ 放入芹菜、洋葱、朝天椒,炒至熟软。

❺ 盛出装盘即可。

No.88

文蛤蒸蛋

◉ **增强免疫力** ◉

做法：

❶ 蟹棒、去皮胡萝卜切成细丁，分别放入沸水锅中焯熟，捞出待用。

❷ 鸡蛋打入碗中，搅散；加入适量水，加入盐，水和鸡蛋液的比为1:2。鸡蛋液中放入文蛤待用。

❸ 蒸锅注水烧开，放入鸡蛋液，加盖，大火蒸煮8分钟。

❹ 揭盖，将食材取出，撒上蒜末、熟豌豆、蟹棒丁、葱花、胡萝卜丁待用。

❺ 热锅注油，烧至五成热，将油浇在食材上即可。

原料：
鸡蛋3个，文蛤150克，蟹
棒、胡萝卜丁各适量，葱花、
蒜末各适量，熟豌豆10克
调料：
盐2克，食用油适量

No.89

三鲜豆腐

◎ **美容养颜** ◎

原料:
豆腐100克，蟹味菇90克，虾仁80克，葱花适量

调料:
盐2克，鸡粉2克，香油适量

做法:

❶ 豆腐切块。

❷ 蟹味菇择成小朵。

❸ 虾仁去虾线。

❹ 锅内注水烧开，倒入虾仁、豆腐、蟹味菇，中火煮8分钟。

❺ 揭盖，加入盐、鸡粉、香油拌匀。

❻ 关火，将食材盛入碗中，撒上葱花即可。

No.90

蒜薹小河虾

◎ **益气补血** ◎

原料：
蒜薹100克，小河虾200克，
红椒30克

调料：
盐3克，鸡粉3克，蚝油5克，
水淀粉适量，食用油适量

做法：

❶ 将洗净的红椒切粗丝。

❷ 洗好的蒜薹切长段。

❸ 用油起锅，倒入备好的河虾，炒匀，至其呈亮红色。

❹ 放入红椒丝，炒匀，倒入切好的蒜薹，用大火翻炒至其变软，加入少许盐、鸡粉、蚝油。

❺ 用水淀粉勾芡，至食材入味。

❻ 关火后将炒好的食材盛入盘即可。

No.91

腊八豆捞海参

◎ 降低血糖 ◎

做法：

❶ 山药去皮，切片；朝天椒切圈；青椒切圈。

❷ 将洗净的海参切成段，再切片。

❸ 锅中注入适量清水烧开，加入少许盐、鸡粉，倒入切好的海参，搅拌匀，煮约1分钟，捞出，沥干水分，待用。

❹ 用油起锅，放入姜片、部分葱段，爆香。

❺ 倒入汆过水的海参，淋入少许料酒，炒匀提味。

❻ 倒入山药，倒入备好的高汤，放入少许蚝油，淋入适量生抽。

❼ 倒入腊八豆、青椒、朝天椒，再加入少许盐、鸡粉、白糖，炒匀调味。

❽ 转大火收汁，再倒入适量水淀粉勾芡。

❾ 关火后盛出炒好的菜肴，装入盘中即成。

原料：

山药200克，青椒60克，海参200克，腊八豆50克，朝天椒10克，姜片、葱段各适量

调料：

盐3克，鸡粉3克，生抽5毫升，蚝油6毫升，白糖2克，料酒10毫，水淀粉适量，高汤适量，食用油适量

No.92

老南瓜焗鲍仔

◎ **滋阴清热** ◎

原料：
南瓜150克，鲍鱼100克，葱结、姜片、葱花各适量

调料：
料酒5毫升，蚝油5毫升，生抽5毫升，老抽5毫升，盐3克，鸡粉3克，白糖2克，水淀粉适量，食用油适量

做法：

❶ 南瓜去皮切片，装碗。

❷ 洗净的鲍鱼取下肉质，去除内脏，划上花刀。

❸ 将南瓜放入蒸锅，盖上锅盖，用中火蒸15分钟至熟透。

❹ 揭盖，取出蒸好的食材待用。

❺ 用油起锅，放入葱结、姜片，用大火爆香，放入鲍鱼，炒匀。

❻ 淋入少许料酒，翻炒香，注入适量清水，加入蚝油，拌炒匀。

❼ 淋上适量的生抽、老抽，拌匀上色，加盐、鸡粉、白糖调味，炒匀。

❽ 盖上锅盖，煮沸后转用小火煮15分钟至食材入味。

❾ 揭盖，挑去葱结、姜片，转用中火，倒入少许水淀粉，炒匀勾芡汁，关火备用。

❿ 将烧制好的鲍鱼摆放在蒸好的南瓜上，撒上葱花即可。

No.93

浓汤老虎蟹

◎ 预防血管老化 ◎

原料：
娃娃菜100克，杏鲍菇80克，西红柿1个，老虎蟹200克，芝士片、口蘑各40克，葱段、姜片各适量

调料：
盐3克，鸡粉3克，胡椒粉3克，食用油适量

做法：

❶ 洗净的杏鲍菇切段，切成片。

❷ 处理好的娃娃菜对切开，切粗丝。

❸ 洗净的西红柿对切开，去蒂，切片，切条，改切成丁。

❹ 锅中注入适量清水烧开，倒入口蘑、杏鲍菇，搅拌均匀，去除草酸，捞出，沥干水分，待用。

❺ 热锅注油烧热，倒入葱段、姜片，爆香，加入处理好的老虎蟹，翻炒至转色。

❻ 加入西红柿，翻炒片刻，注入适量的清水，搅拌均匀，煮沸。

❼ 倒入汆过水的食材，略煮片刻，撇去浮沫。

❽ 加入娃娃菜、芝士片，搅拌均匀，煮至软，放入盐、鸡粉、胡椒粉，搅拌调味。

❾ 关火后将煮好的汤盛出装入碗中即可。

No.94

鲜椒小花螺

◎ **增强免疫力** ◎

做法：

❶ 锅中注入适量清水烧开，倒入洗净的花螺，略煮一会儿，淋入少许料酒，汆去腥味。

❷ 将煮好的花螺捞出，沥干水分，装入盘中，备用。

❸ 倒入豌豆，煮至断生后捞出待用。

❹ 热锅注油，倒入部分葱段、姜片、红椒圈，翻炒出香味。

❺ 倒入花螺，快速翻炒片刻。

❻ 加入少许盐、料酒、生抽、蚝油、鸡粉，炒匀调味。

❼ 放入剩余的葱段，倒入少许水淀粉，翻炒片刻，使食材更入味。

❽ 关火后将炒好的花螺盛出，装入碗中即可。

原料：

花螺200克，豌豆70克，红椒圈30克，葱段、姜片各适量

调料：

盐3克，料酒、生抽、蚝油各5毫升，鸡粉3克，水淀粉、食用油各适量

No.95

小土豆烧甲鱼

◎ **增强免疫力** ◎

原料：
去皮小土豆200克，甲鱼块380克，蒜末、姜片、葱段各适量

调料：
盐3克，鸡粉3克，白糖3克，水淀粉适量，芝麻油5毫升，生抽5毫升，料酒10毫升，食用油适量

做法：

① 锅中注入适量的清水烧开，倒入处理好的甲鱼块，搅拌均匀，汆煮去血水，捞出，沥干水分，待用。

② 热锅注油烧热，倒入姜片、葱段，爆香，倒入甲鱼块，快速翻炒片刻。

③ 淋上料酒，炒匀，淋入生抽，翻炒提鲜。

④ 注入适量清水，搅拌均匀，加入盐、白糖，拌匀。

⑤ 加入小土豆，盖上盖，大火煮开后转小火煮10分钟。

⑥ 掀开盖，倒入蒜末，炒匀，加入鸡粉，翻炒均匀，加入水淀粉，快速翻炒片刻。

⑦ 淋入芝麻油，翻炒至入味，关火后将甲鱼块盛出装入盘中即可。

No.96

一网情深

◎ **增强免疫力** ◎

原料：
鲍鱼200克，红椒50克，青椒
50克，姜片、葱结各适量

调料：
盐3克，鸡粉3克，白糖3克，
生抽、老抽、蚝油各5毫升，
料酒10毫升，食用油适量

做法：

❶ 洗净的鲍鱼取下肉质，去除内脏，切花刀。

❷ 红椒切末；青椒切末。

❸ 锅内注水烧开，放入鲍鱼，淋入少许料酒提味，拌煮约半分钟至断生，捞出待用。

❹ 用油起锅，放入葱结、姜片，用大火爆香。

❺ 放入余好的鲍鱼、红椒、青椒，炒匀。

❻ 淋入少许料酒，翻炒香。

❼ 注入适量清水，加入蚝油，拌炒匀。

❽ 淋上适量的生抽、老抽，拌匀上色，加盐、鸡粉、白糖调味，炒匀。

❾ 将鲍鱼盛入盘中即可。

No.97

盐夫美蛙

◎ **护肤美容** ◎

做法：

❶ 丝瓜去皮切成滚刀块；朝天椒切圈。

❷ 将宰杀处理干净的牛蛙切去蹼趾，再斩成块，盛入碗中，加少许盐、鸡粉、料酒，拌匀。

❸ 加少许生粉，拌匀，腌制10分钟。

❹ 热锅注油，烧至五成热，倒入腌制好的牛蛙，滑油至转色捞出。

❺ 锅留底油，倒入姜片、蒜末、朝天椒和葱白爆香。加入牛蛙，淋入少许料酒，翻炒去腥。

❻ 倒入丝瓜，加盐、鸡粉、蚝油、生抽炒匀，调味，注入适量清水煮沸。

❼ 加少许水淀粉勾芡，翻炒均匀至食材入味后盛入盘中，撒上姜丝即可。

原料：
牛蛙200克，丝瓜100克，朝天椒3个，生粉、姜丝、姜片、蒜末、葱白各适量

调料：
盐3克，鸡粉3克，蚝油、生抽各5毫升，料酒5毫升，水淀粉、食用油、生粉各适量

No.98

孜然鱿鱼须

◎ **预防贫血** ◎

做法：

❶ 把鱿鱼头切开，打上麦穗花刀，切片，鱿鱼须切段。

❷ 韭菜洗净切段。

❸ 锅中注水烧热，倒入鱿鱼，加料酒和盐拌匀，汆至断生后捞出。

❹ 用油起锅，倒入姜片、蒜片，放入豆瓣酱煸香。

❺ 倒入干辣椒炒出辣味，加适量清水，放入盐、鸡粉、蚝油调味。

❻ 放入鱿鱼拌匀，撒上孜然，煮约2分钟至熟透，淋入辣椒油拌匀。

❼ 收干汁后转到干锅即可。

No.99

鱿鱼丸子

◎ 提高免疫力 ◎

原料：
鱿鱼120克，花菜130克，洋葱100克，南瓜80克，肉末90克，葱花少许

调料：
盐3克，鸡粉4克，生粉10克，黑芝麻油2毫升，叉烧酱20克，水淀粉、食用油各适量

做法：

❶ 将洗净的花菜切块；洗好去皮的南瓜切块；洗净的洋葱剁成末；处理干净的鱿鱼剁成泥状。

❷ 锅中注水烧开，加少许盐、食用油、鸡粉，放入花菜，煮熟捞出备用，南瓜倒入沸水锅中煮熟捞出备用。

❸ 把鱿鱼肉放入碗中，加入肉末，顺一个方向拌匀，放少许盐、鸡粉、生粉，拌匀，倒入洋葱末拌匀，淋入适量黑芝麻油，撒上少许葱花拌匀制成肉馅。

❹ 将肉馅挤成肉丸，放入沸水锅中，煮约5分钟至肉丸熟透捞出。

❺ 将花菜、南瓜摆入盘中，放上肉丸。

❻ 起锅，倒入适量清水，加入适量叉烧酱，搅拌均匀，煮沸，放入少许盐、鸡粉，拌匀调味，倒入适量水淀粉，调成稠汁，浇在盘中食材上即可。

No.100

鱿鱼蔬菜饼

◎ **增强免疫力** ◎

原料：
去皮胡萝卜90克，去壳的鸡蛋
1个，鱿鱼80克，葱花少许
调料：
盐1克，生粉30克，食用油适量

做法：

① 洗净去皮的胡萝卜切碎；洗净的鱿鱼切丁。

② 取空碗，倒入盐、生粉、胡萝卜碎，放入鱿鱼丁，加入鸡蛋，倒入葱花，搅拌均匀，倒入适量清水，搅拌均匀，加入盐，搅拌成面糊，待用。

③ 用油起锅，倒入面糊，煎约3分钟至底部微黄，翻面，续煎2分钟至两面焦黄。

④ 关火后将煎好的鱿鱼蔬菜饼盛出放凉，再切小块，装盘即可。